FUZHUANG CHUANGXIN SHEJI
SHOUHUI XIAOGUOTU

服装创新设计
手绘效果图

姜兰英 —— 著

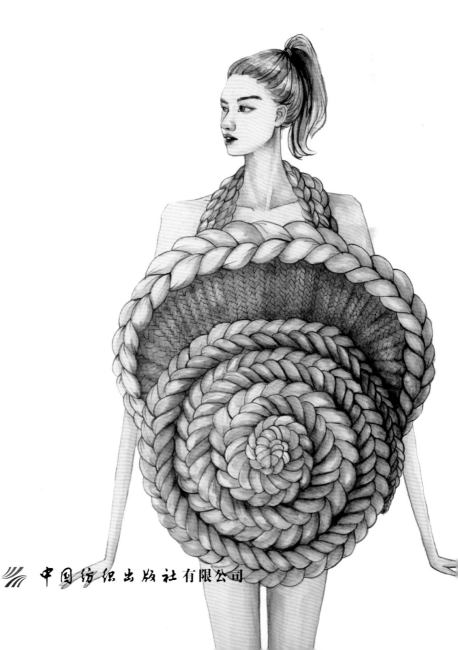

中国纺织出版社有限公司

内 容 提 要

本书立足服装探索设计创新。以回顾服装设计经典、激发创新意识、弘扬民族创新精神为目标，从无结构与解构主义、波普与欧普艺术、中国传统文化、自然、建筑、家具、生活及娱乐用品中获取服装设计灵感，运用多种设计表现手法，绘制了99幅各具特色的服装创意设计手绘效果图。通过尝试不同种设计方式，寻找设计灵感到表现手法的多样性与丰富性，从而为创意设计工作者提供多元化的创意素材。

本书框架结构饱满，内容深入浅出。对广大师生、服装设计从业人员乃至爱好者设计灵感的启发、创意资源的获取、设计思路的扩展都大有裨益。

图书在版编目（CIP）数据

服装创新设计手绘效果图 / 姜兰英著 . -- 北京：
中国纺织出版社有限公司，2022.12
ISBN 978-7-5229-0103-9

Ⅰ．①服… Ⅱ．①姜… Ⅲ．①服装设计－效果图－绘画技法　Ⅳ．① TS941.28

中国版本图书馆 CIP 数据核字（2022）第 222421 号

责任编辑：魏　萌　亢莹莹　　责任校对：高　涵
责任印制：王艳丽

中国纺织出版社有限公司出版发行
地址：北京市朝阳区百子湾东里 A407 号楼　邮政编码：100124
销售电话：010—67004422　传真：010—87155801
http://www.c-textilep.com
中国纺织出版社天猫旗舰店
官方微博 http://weibo.com/2119887771
北京雅昌艺术印刷有限公司印刷　各地新华书店经销
2022 年 12 月第 1 版第 1 次印刷
开本：787×1092　1/16　印张：8.25
字数：152 千字　定价：88.00 元

前 言
PREFACE

　　创新是一个民族进步的灵魂，是一个国家兴旺发达的不竭动力。创新不单是个别领域的必备技能，任何工作都需要创新。

　　如何创新？怎样才能做到创新？关于这个问题，物理学家王亚宁讲道："要创新就需要一定的灵感，这个灵感不是天生的，而是来自长期的积累与全身心的投入。"也就是说，创新需要的灵感，不是一时间的心血来潮，而是建立在大脑已有知识基础上的，意识或无意识的创作活动。海尔创始人张瑞敏提到"创新的途径是创造性地模仿和借鉴，即借力"。也就是说，创新离不开模仿与借鉴，模仿与借鉴是创新开拓的前提，但它并不等同于抄袭。美国科学家贝尔还提到"创新有时也需要离开常走的大道，潜入森林，你就肯定会发现前所未有的东西"。这也提醒我们，创新也不能墨守成规，要学会走出常规，另辟蹊径，找到新的突破点。总而言之，作为一名创新者，需要在广博知识奠基的前提下，时刻以开放的心态接纳新鲜事物，学会不断挑战自我与超越自我，最终达到开拓与创新。

　　而与本书相关联的设计领域的创新，是与寻求功能与技术进步的科技创新相区别的一种风格、符号、意义上的突破。是指充分发挥设计者的创造力，利用人类已有相关成果，设计出的具有科学性、创造性、新颖性以及实用性的新产品。设计具有极强包容性与开放性，它可以横跨时间、地域、民族、学科、宗族等，并将其合理地转化为设计语言，这也形成了设计特有的多种元素共同混杂的形式。

　　本书立足服装，探索设计创新。以回顾服装设计经典，激发创新意识，弘扬民族创新精神为目标，从服装的无结构与解构主义、波普与欧普艺术、中国传统文化、自然、建筑与家具、生活、文化及娱乐用品中，获取服装设计灵感，运用多种设计表现手法，绘制了99幅各具特色的服装创新设计手绘效果图。通过尝试不同设计表现手法，寻找设计灵感到表现手法的多样性与丰富性，从而为创意设计工作者提供多元创意素材。本书共分为6章，11个主题。每个主题从主题的概念、形成与发展、在服装创新设计中的应用几个方面进行介绍，并重点展示了该主题相关的服装设计作品。每件作品都以应用到的设计元素或表现手法命名，方便读者解读作者的创作动机与意图。作品主要采用写实画法，关注人体比例的和谐，强调远近透视，注重画面的质感表现。作品采用水彩颜料涂色，先涂大面积色块，后用描边笔勾勒轮廓，部分服饰细节用白色高光笔或勾线笔做了着重强调，以达到清晰生动的画面效果。

本书框架结构饱满，研究内容深入浅出，主题内涵解析到位。对广大师生、服装设计从业人员乃至爱好者设计灵感的启发、创意资源的撷取、设计思路的扩展都有切实的裨益。

姜兰英

2022年9月

目 录
CONTENTS

第二章　波普艺术与欧普艺术

第三章　中国传统文化

第四章　自然

第五章　建筑与家具

第六章　生活、文化及娱乐用品

第一章　无结构与解构主义

无结构服装的形成与发展

常规结构服装是指通过裁剪或缝制将二维平面面料制作分割线、褶、省道等，形成的三维立体空间形态。与之相反，无结构服装则是把人体视为平面形态，忽略人体的物理特性与结构特性，注重面料本身的二维特性，不根据人体形成线或形，注重面料本身在包裹人体后形成的自然形态。无结构服装以抽象几何形作为基本结构，不刻意表现人体曲线，通过面料的形状、色彩、材质、肌理的变化创造三维空间感，通过服装分割线的形态变化，满足服装结构的功能性，也可以使用新型面料或高科技工艺，展现服饰的现代感。

纵观中西服装史，在西方古埃及、古西亚、古希腊和古罗马的漫长历史时期，都是以在人体上披挂、缠绕织物的二维服饰结构形式为主。直到中世纪末期哥特式服装的出现，实现了直线裁剪向曲线裁剪的转化，开启了西方窄衣文化时代。西方服饰结构由二维向三维转变的雏形，可以追溯到14世纪考古学家在格陵兰岛发现的长衣（图1-1），这件"格陵兰长衣"由16片衣片组成，为了消除了多余褶皱，在前后两侧衣片做了收省，为了使裙摆加宽，下摆进行了分片裁剪，还出现

图1-1　14世纪发现的格陵兰长衣

了前所未有的侧身衣片。格陵兰长衣彻底脱离了平面结构，形成了三维立体服装结构形式，该长衣的发现体现了服装三维立体构成意识的形成，在服饰史上具有重要的历史意义。与西方国家相比，中国、日本、印度等东方国家，在很长一段时间都是以二维结构形式服装为主，我国平面化服装结构则一直延续到了近代。这也体现了我国受儒家、道家天人合一哲学思想的影响，追求人与自然的和谐融合，以含蓄、内敛为美德，把身体隐藏在服饰之内的民族文化心理。

在经历了西方的宽衣时代到窄衣时代之后，世界服饰文化趋向多元化发展态势。20世纪50年代，受到现代主义风格的影响，设计师们开始关注服装结构，推动了以安德烈·库雷热（Andre Courreges）、克里斯托巴尔·巴伦西亚加（Cristbal Balenciaga）为代表的"无结构设计时代"的到来，也间接促使二十世纪七八十年代一批崇尚东方平面设计美学的东方设计师跻身国际时尚舞台。日本服装设计师三宅一生（Issey Miyake）便是其中之一，他试图诠释一块布的艺术，用传统服装的无结构特征作为灵感，用极少的裁剪，突出材质属性，注重人体的舒适性，不断追求人体与服饰空间的最佳状态。他在1970年推出了以"一块布（A piece of cloth）"为理念的系列，仅用一块布制作一件成衣，将布在人体上进行缠绕、包裹等，又根据人体运动展现出不同的形式美感（图1-2）。在1999年的秀场上，他用一块布把数十名不同国家、年龄、肤色的模特联系在了一起（图1-3）。与三宅一生、山本耀司（Yohj: Yamamoto）并称为"日本时装设计三驾马车"的川久保玲（Rei kawakubo），也是一个不折不扣的时尚叛逆者。她使用直线裁剪，将面料进行缠绕、拼接、包裹、填充、堆积等，设计出不依附于身体结构的夸张且奇特的服饰形态，她另类前卫的设计震惊了当时的时尚界。

东方设计师的平面设计美学，无疑对西方服饰的美学思想和制作方法产生了极大的冲击。为日后设计师大胆去掉服饰省道，由曲线改为直线裁剪，采用非结构形式，在服装与人体间留下空间等的设计变化，产生了积极影响。

20世纪80年代，无结构服装开始广泛流行，顺应时代潮流，以更加多样的方式呈现，赋

图1-2　三宅一生"一块布"系列服装，1976

图1-3 三宅一生"一块布"系列服装，1999

予了现代服装更为丰富的内涵和表现力。

作品介绍

无结构服装不受传统服装款式结构的约束，重视面料的整体性与自然属性，创造出不依赖于人体曲线的自由空间几何形态。无结构服装往往给人自由、灵动、新奇的感受。

下面这组设计通过运用多种服装设计手法，探索面料依附在人体上形成的偶然现象，创造形态各异的无结构造型形态。作品有只用一种设计手法的"单一手法设计"，也有使用两个以上手法的"多种手法设计"。最终得到运用叠压、折叠、镂空、褶皱、扎结、拼接、绳带编织、条带编织、堆积、拧紧、缠绕、填充、抽缩设计手法的13幅无结构服装效果图作品，并以设计手法命名作品。

1. 叠压

2. 折叠

3. 镂空

4. 褶皱

5. 扎结

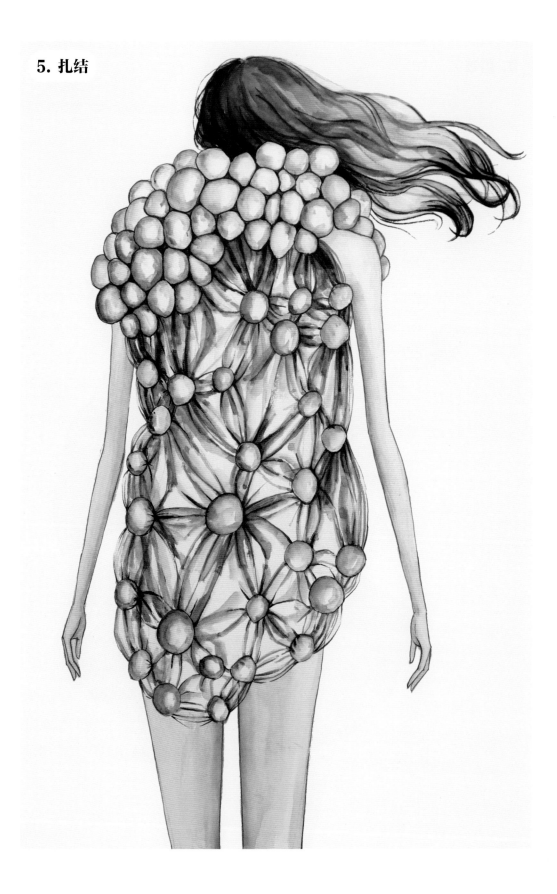

6. 拼接

7. 绳带编织

8. 条带编织

9. 堆积、褶皱

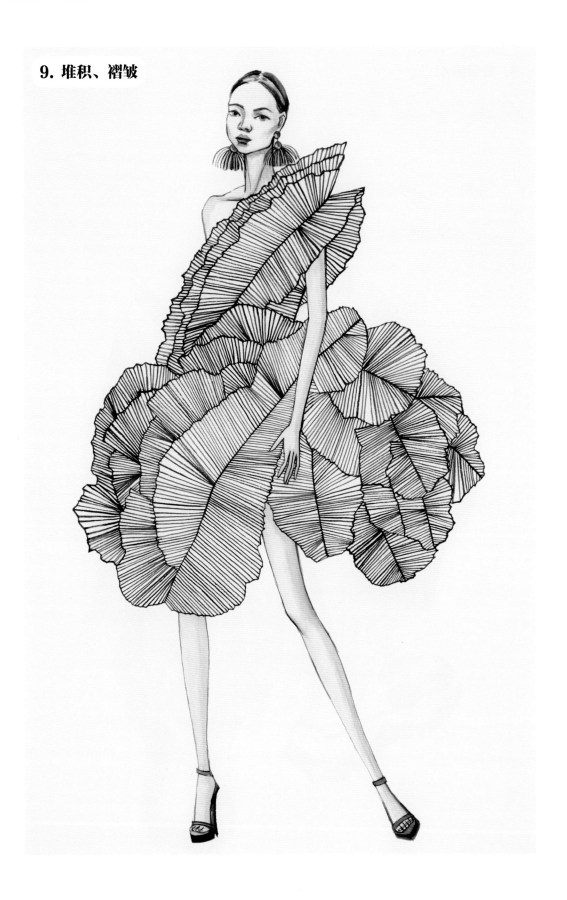

10. 拧紧、缠绕

11. 拼接、镂空

12. 填充、抽缩

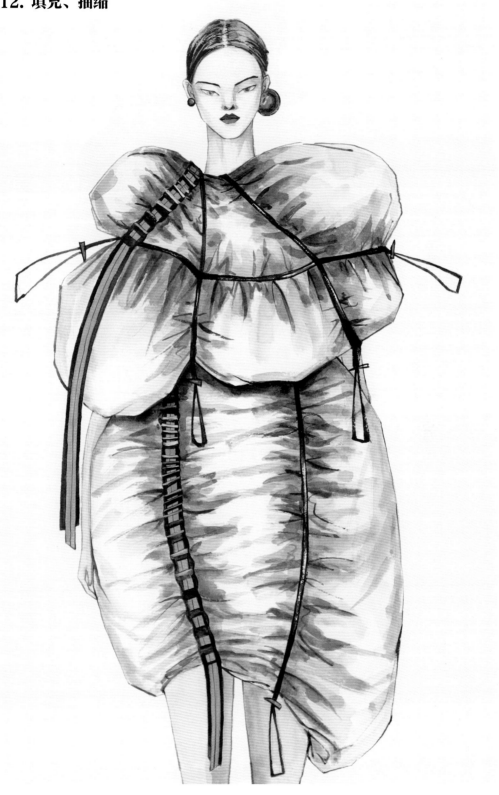

13. 填充、缠绕

解构主义与服装

解构主义（Deconstructivism）起源于20世纪60年代，是法国后现代主义思想家雅克·德里达（Jacques Derrida）基于对语言学中的结构主义批判提出的理论，也被称为后结构主义。解构主义学者们反对西方传统形而上学的思维方法，反对罗格斯中心主义的思维传统，强调打破旧的单元秩序，创造更为合理的新秩序。解构主义不否认结构的存在，但认为结构是没有中心的，是富有变化的。结构是由一系列的差别组成，由于差别的变化，结构也就随之改变。

解构主义思想作为一种设计风格起源于20世纪80年代，最早是被建筑设计所应用，通过摆脱传统线性设计模式，对建筑结构进行扭曲、移位、拼接、夸张、分裂、失稳等处理，创造出不安定且富有动势的建筑新形态。解构主义建筑的代表作品有拉·维莱特公园、华特·迪士尼音乐厅、毕尔巴鄂古根海姆博物馆、维特拉设计博物馆、北京中央电视台等。受解构主义思潮影响，解构主义服装也随即诞生，形成了以欧洲和日本为首的解构主义东西方两大阵营。解构主义服装的表现形式与建筑相似，通过打破传统的设计思维模式，将服装进行重新拆解和组合，达到对传统服装意义颠覆的目的。热衷于结构解构的设计师不胜枚举，其中最具代表性的人物有三宅一生（Issey Miyake）、川久保玲（Rei Kawakubo）、侯赛因·查拉扬（Hussein Chalayan）、让·保罗·高提耶（Jean Paul Gaultier）、亚历山大·麦克奎恩（Alexander Mcqueen）等。

解构主义服装可以分为对服装结构的解构、对服装图案的解构以及对服装材料的解构。

服装结构的解构是指摒弃传统服装结构形态，创造新服饰结构造型的过程。它可以通过解构达到对传统服饰形态、服饰美学、穿着方式、男女服饰性别界限等的颠覆。川久保玲的1997年春夏系列"Comme des Garcons"，是以"隆与肿"为题材，上演了一场颠覆传统服饰美学的服装秀，设计师在模特的臀部、腰部、颈部、背部等部位用肿胀填充物塑造出凸起的效果，如同肿瘤一般，引起视觉上的不适感，在那个追求人体优雅曲线的20世纪90年代，无疑是对美与丑界线的大胆挑战。她的2015年秋冬男装系列"Comme des Garcons"（图1-4），使用了拼接、划开、勒紧、门襟偏移等设计手法，打破了西装和中山服等男

图1-4 川久保玲"Comme des Garcons"，2015年秋冬

图1-5　维果·罗夫，2015年秋冬

图1-6　山本耀司，2014年秋冬

士正装的庄重与严谨，营造出轻松、自在的视觉感受。让·保罗·高提耶以达达主义为主题的1983年春夏系列，推出了一款可外穿的锥形胸衣，1990年美国乐坛天后麦当娜穿着让·保罗·高提耶设计的锥形胸衣出现在"Blonde Ambition"世界巡回演唱上，这件胸衣打破传统服饰穿着方式，将束身衣穿在外边，胸部形成圆锥形，突出在外。让·保罗·高提耶把紧身衣解释为"强悍女性的象征"，打破"女性＝懦弱"的封建思想等式，塑造出自信且坚毅的女性形象。Sibling 2015年秋冬男装系列，在男装中融入大量女性服饰元素，演绎男女性别模糊设计。服装以粉色为主色，随处可见洋娃娃装饰、皮草大衣、宽松的长裙等，通过模糊男女服装性别界限，颠覆了传统性别审美概念。

对服装图案的解构是指将已有素材打破，再重新拼接与组合，得到新图案的过程。素材可以取自不同地区、民族、流派，可以是将指定图案的解构重组，也可以是完全不相干的图案之间的组合。无特定主导的设计，体现了解构主义极大的包容性。Victor & Rolf 2015年秋冬系列为观众演绎了一场别出心裁的绘画解构服饰，设计师把本应该挂在博物馆或者展览馆的绘画作品，连同画框一起拆解，并通过不同方向和位置的转化，制作成衣（图1-5）。当模特穿着衣服走过来，两位设计师就会帮模特脱掉衣服并重新挂在秀场墙壁上展出，设计师新奇的理念与别开生面的演绎方式不禁让人惊叹不已。在山本耀司（Yohji Yamamoto）2014年秋冬女装秀场上，设计师天马行空地将日本神话故事中吃甜甜圈的食人魔、连着脐带的婴儿、外太空星图、锁链、玫瑰花以及宝石等，不同手绘涂鸦与文身图案融合到作品中，形成无规律错乱的视觉形象，为作品增添了神秘感（图1-6）。

对服装材料的解构是将已有材料做残缺、破旧、变形、变色、编织、堆积等，达到材料解构的目的，或者打破传统服装材料的选择局限性，使用皮革、金属、塑料、木板、玻璃等非服用材料或高科技材料，产生意想不到的奇特效果。川久保玲在1982年推出的"乞丐装"（图1-7），松松垮垮且布满破洞，缺乏结构线条，给人一种残缺、颓废且暗黑的感觉。与以往传统意义上精致工艺、突出女性柔美曲线的设计截然不同，这种撕扯式的破洞也被命名为"川久保玲"破洞，如今已成为随处可见的时尚设计元素。Hussein Chalayan 2000年秋冬"Afterworks"系列，上演了一场"拆掉所有的家当，随时可以打包走人"的演出。四个模特将椅套拆卸穿在身上变成了裙子，一个模特将红木茶几拎起变成了长裙（图1-8），最后模特把沙发折叠变成了手提箱。此设计与设计师侯赛因·查拉扬童年经历有关，他出生于塞普鲁斯，但后因战乱不得不离开家园，经历颠沛流离的生活，塞普鲁斯属于三大洲交界地带，是各民族、移民交流交界的最大枢纽，他将"移民的迁徙，难民的不断流通"这一概念运用在了服装上，重新定义服装的形式与功能。

图1-7　川久保玲"乞丐装"，1982

作品介绍

解构主义服装颠覆传统，突破常规，充满了个性与叛逆。下面这组设计通过13幅服装效果图，展示了解构主义服装中的结构与材料的多样解构形式。

服装结构的解构设计：通过颠覆传统服饰穿着方式，将内衣穿在衬衫的外边，创造另类与时尚的穿搭；挑战传统审美观念，将新娘婚纱从过去的婚纱结构框架中解脱出来，制作西装与礼服结合的新型"黑色婚纱"；突出模特的肩部、臀

图1-8　侯赛因·查拉扬，2000年秋冬

部、背部、腹部等，违背人体优美曲线的部位，创造新型"诡异人体曲线"，探寻优美、典雅以外的怪、丑等多样审美形式；将衬衫领、衬衫袖、夹克、大衣、羽绒服、裙子、牛仔裤等服饰结构，通过位置转换、局部省略、扭曲、拼贴等设计手法，解构创造新造型形态，让人产生新奇、震惊、疑惑等的情感感受。

服装材料的解构设计：拼接旧面料，或在已有牛仔面料上做大面积改造，在"牛仔面料的残缺与破旧"中形成另类与张扬的面料再造效果。"PVC材料透明外衣"是将传统材料与非常规服用材料结合，打造未来感与科技感。

1. 内衣外穿

2. 黑色婚纱

3. 诡异人体曲线

4. 衬衫领结构的位置转换

5. 衬衫袖结构的位置转换

6. 夹克结构的扭曲

7. 夹克、裙子结构的局部省略

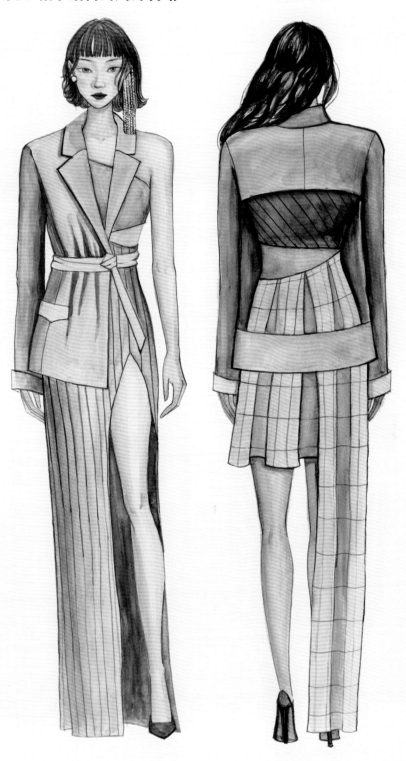

8. 大衣结构的位置转换、拼贴与局部省略

9. 羽绒服结构的位置转换

10. 牛仔裤结构的位置转换

11. 牛仔裤结构的位置转换与拼贴

12. 牛仔面料的残缺与破旧

13. PVC 材料透明外衣

第二章　波普艺术与欧普艺术

波普艺术与服装

波普艺术（Pop art）是"Popular Art"的缩写，意指流行艺术、通俗艺术，作为西方现代艺术思潮，是探讨流行文化与艺术之间关联的艺术运动。

波普艺术一词最早出现于1952~1955年，在英国伦敦当代艺术研究所内，由艺术家、批评家和建筑师等组成的自称"独立团体（Independent Group）"的组织在一次独立者社团讨论会上首次提出。而真正意义上的波普艺术作品的诞生则是在1956年，是"独立团体"在怀特查佩尔艺术馆主办的"这是明天"的展览中，理查德·汉密尔顿（Richard Hamilton）创作的题为"究竟是什么使今日的家庭如此非凡迷人"的拼贴画。该作品是用海报、画报以及广告上的图片裁剪拼贴而成的，画面里摆满了大量现代家庭用品，如电视机、吸尘器、磁带播放机、印着福特徽章的灯罩等，画里肌肉发达的半裸男子，手里拿着的网球拍形态的棒棒糖（Lollipop）上有明显的"POP"字样。作品在赞扬"战后"丰富的物质生活之余，也透露出欧洲知识分子对新社会价值观的思考。

20世纪50年代中期，波普艺术在美国达到鼎盛，代替了抽象表现主义，成为美国主流前卫艺术。"二战"后，在西方后现代主义掀起的"反艺术"浪潮的推动下，美国的波普艺术家们开始反对传统的艺术设计观念，试图将报刊中的漫画、商业设计、电影剧照、电视等大众文化形象融入艺术作品中，达到艺术与大众文化的融合，追求更贴近大众文化的通俗趣味。

波普艺术是一种面向大众的流行文化，有低成本、年轻化、为大众服务、可批量化生产等特点。波普艺术的表现特征大致可以归纳为以下三点。第一，波普艺术的灵感源于社会流行现象，如从绘画、包装、快餐、漫画、音乐、电影、街头艺术等各种风尚文化和社会热点中提取设计要点并应用到艺术创作中。通过把生活中的真实事物用艺术形式展现，使艺术渗透进大众的视野。第二，波普艺术风格作品常采用复制和拼贴表现手法，通过对已有的作品进行反复排列，对艺术进行"量产"，产生荒诞、可笑、幽默、空虚、麻木的感受。安迪·沃霍尔（Andy Warhol）的作品中也随处可见复制、拼贴手法。他把那些取自大众传媒的图像，如可口可乐瓶、香蕉、米老鼠、玛丽莲·梦露头像、美元钞票、坎贝尔汤罐等，在画面中以不断重复的形式呈现，单纯却富有韵律，充满了艺术趣味。第三，波普风格作品常使用高明度纯色，产生明快、热烈的视觉效果。鲜明的颜色投射出"二战"后人们对富裕生活水平的强烈向往。涂鸦艺术家凯斯·哈林（Keith Haring）的作品，就常采用高明度的纯色，用流畅、粗犷的轮廓线，绘制出空心抽象人物与动物图案，犹如复杂的花纹，体现出鲜明的个人艺术特色(图2-1~图2-3)。

图2-1　凯斯·哈林，
Dog,1985

图2-2　凯斯·哈林，
Cup Man,1989

图2-3　凯斯·哈林，
Statue of liberty,1986

在经济飞速发展的21世纪，波普艺术依然保持着旺盛的生命力，为文化艺术领域提供着灵感和参考，迎合了当下快速发展的流行趋势与审美需求。波普艺术在服装设计中主要表现为运用现成的文化产品做图案或造型设计、高饱和度的色彩、非常规服装材料与高新材料的结合。

波普艺术风格服饰的图案或造型，常采用现成的文化产品，在挪用的基础上进行放大、拼贴、重复等，达到文化产品再创造与再生产的目的。

茉思奇诺（Moschino）品牌风格幽默怪诞，充满了戏谑的趣味。服饰喜用高明度色彩，而绚丽的色彩往往还会搭配上商业流行元素，如麦当劳标志（图2-4）、小马宝莉、飞天小女警、海绵宝宝卡通形象等，搭配薯条包装、蛋糕、饮料瓶造型的配饰，前卫又风趣，充满了怪异、戏谑与对快时尚的反讽。

波普艺术风格服饰色彩明艳活泼，常使用高纯度对比色，具有强烈的视觉冲击力。

伊夫·圣·罗兰（Yves Saint Laurent）在1965年发布的蒙德里安裙，便是一件具有波普色彩艺术精髓的作品。灵感来自其母亲赠送的荷兰画家皮特·蒙德里安（Piet Mondrian）作品集的启发。该无袖直筒连衣裙以纵横交错的直线构成色块，填充高饱和

图2-4　茉思奇诺，2014秋冬

度的原色，色彩清新明快，简单又极具张力。

服装设计师们也将波普艺术风格与食品包装袋、窗帘、泡沫等非常规服装材料，或人造皮革、植绒、PVC等新型材料结合，体现出科技感与未来感，以迎合年轻一族彰显前卫、个性的消费特征。

我国台湾设计师江奕勋的2018年春夏系列作品"Angus Chiang"，展现了公路文化与单车旅行文化。该系列以高纯度、热烈鲜明的色彩为主，随处可见的商店标语，搭配上TPU、PVC等新型材料，为波普风格服饰增添高科技质感，彰显年轻一族大胆前卫的精神风貌。

作品介绍

下面这组设计沿袭波普艺术风格特征，将波普艺术的主要表现形式——图案设计应用在男装图案中，绘制了9幅波普风格创新服装设计效果图。

提取绘画、音乐、快餐、菠萝、机械零件等素材，绘制波普风格服装。作品"印纹"是模仿手印画，在衣服的背部按压手印，为了凸显黑色手印，底色使用鲜亮的色彩，手印的按压方向与部位均不相同，当六个图案组合在一起时，便是一张完整的手印。"疯狂解构乐器"是将多种乐器进行不同程度的解构，乐器的颜色也随之被解构成支离破碎状，显得凌乱且丰富。"快餐主义"是把可乐、薯条、汉堡、爆米花等快餐用漫画的形式排列在九宫格中，体现快节奏生活下飞速发展的快餐文化。"漫画格"是把漫画格变成棒球夹克外套的纹样，为休闲外套增添了一丝诙谐与趣味。"眼镜菠萝与七彩菠萝"是在男士休闲装上装饰戴着眼镜的菠萝与七彩斑斓的变色菠萝，并用不同色块区分着服饰的结构，显得生动且有趣。"机械零件"是在T恤衫上印染各式各样螺丝、螺母、齿轮叠压组成的图案。

部分作品把视角聚焦于国内城市，"北京"和"上海"将其代表性建筑物用波普的图形语言，绘制在服装的局部。"中国航天"将报刊上记载的相关文章绘制在男装衬衫上，以致敬中国航天事业。

1. 印纹

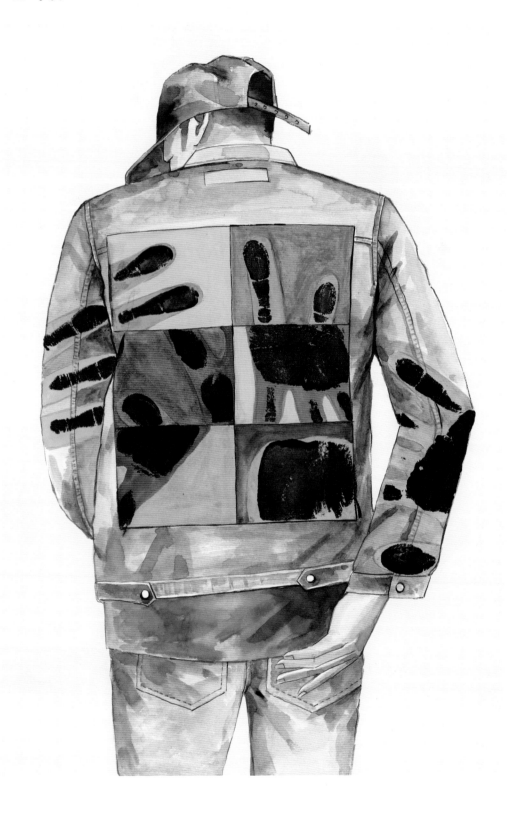

2. 疯狂解构乐器

3. 快餐主义

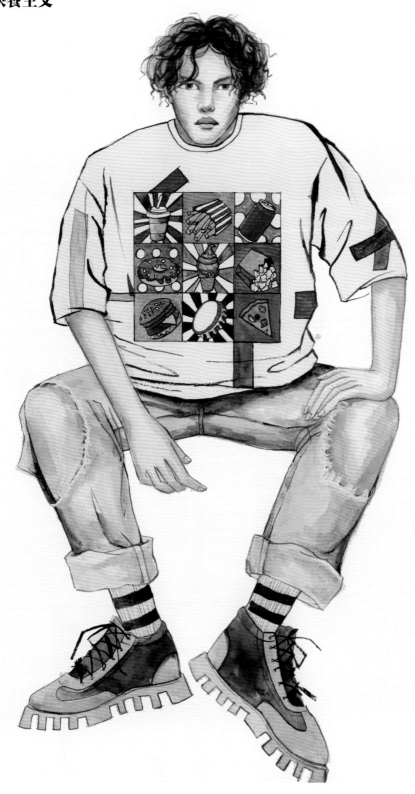

4. 漫画格

5. 眼镜菠萝与七彩菠萝

6. 机械零件

7．北京

8. 上海

9. 中国航天

欧普艺术与服装

欧普艺术源于20世纪60年代的欧美国家，是一种通过几何形态间微妙变化，产生视觉错视的艺术。欧普艺术与研究思想情绪的抽象美术不同，更接近于使我们的大脑将二维平面图形意识为三维空间而引起视错觉的自然科学。

欧普艺术（OP art）是"Optical art"的缩写，又称为知觉抽象艺术（Perceptual abstraction）。该用语是在1964年雕塑家乔治·里基（George Ricky）与当时纽约近代美术馆馆长彼得·赛尔兹（Peter Selz）和威廉·赛尔兹（William Seitz）的对话过程中被命名的。而欧普艺术广泛映入大众视野则是在1965年纽约现代艺术博物馆举办的"眼睛的反应（The Responsive Eye）"画展，在该画展上，展出了大量波纹管及几何图形排列而成的作品，大部分是通过视觉错觉产生色彩或造型变化，或是随着视角的移动或作品的变动而产生造型变化的作品，在当时产生了极大的反响。

欧普艺术家们认为抽象表现主义太过随意，波普艺术又太过粗俗，主张吸引观众，但又不能让其卷入艺术中，希望通过色彩的变化与形态的组织等视觉变化来创造一种新的幻境，并试图寻觅隐藏于幻觉表象背后的一般规律。他们以几何抽象体作为创作要素，使用颜色反差对比强烈的黑白色或是明亮的彩色，经过排列对比或是重叠交错，创造形态与色彩的颤动效果，达到视觉错乱的意象。在探索欧普风格艺术的过程中，欧普艺术家们可谓是吸收了不同风格流派的众多优点，在空间透视学层面，吸取了印象派美学的特征；在抽象形态的组织层面，又可以看到螺旋主义、立体主义、未来主义、康定斯基和克利等画家的影子；在色彩的互相关系层面，又受到构成主义、新造型主义的影响；同时，还受到了鲁道夫·阿恩海姆（Rudolf Arnheim）的《艺术与视知觉》与包豪斯的极大启迪。

进入20世纪中期，欧普艺术逐渐摆脱传统的抽象美术，转向具象美术与系统艺术（Systems art），与各种素材相结合，呈现出了没有物质、时间、空间界限的作品。欧普艺术形态被众多设计领域应用，特别是对视觉层面要求较高的广告与服装显现得尤为迫切。欧普艺术盛行的20世纪60年代正是时尚大变革时期，伦敦取代巴黎成为现代时尚潮流中心，纺织和印染技术水平得到空前提升，服装趋向多元化发展，"休闲装"与"正装"的界限变得模糊，尤其是"二战"后出生的一代，没有经历过战争的洗礼，口袋里的零花钱也越来越多，也就转化为了极强的购买欲与购买力，他们不遵循老一辈的传统习俗和伦理，且个性叛逆，热烈追捧着波普、欧普、朋克、嬉皮等反传统的后现代艺术风格。

20世纪60年代，设计师敏锐捕捉潮流趋势的能力，让他们开始大量制作波普风格的服饰。将欧普风格图案首次运用在服装上的是艺术家热图利奥·阿尔维亚尼（Geturlio Alviani），他受到绘画与图案设计的影响，运用几何线条，将人体运动的节奏感用直观的视觉效果体现在服饰中（图2-5）。在此之后，瓦萨雷里（Vasarely）等其他欧普艺术家的作品开始出现在服装图案中，以明确形态为造型单位，或相互组合形成的错视，根据双重空间的量与形态形成表情，产生了作用于人体的心理修正效果。

　　20世纪70年代与60年代相比，服饰并没有大幅度的变化，摩德风（Mods look）与简约款式上继续出现欧普图案的身影。如果说60年代追寻现代风格，流行粗条纹与黑白色，70年代则是以细条纹、多种色彩图案的服饰居多。到了80年代，艺术家与设计师开始频繁合作，艺术品与商品的界限变得尤为模糊，现代美

图2-5　热图利奥·阿尔维亚尼，1965，春夏

术与现代服装趋于融合，从而进入了寻求社会文化表现的探索时期。也就形成了为迎合现代审美喜好，将传统图案以现代方式呈现，或将传统色彩与现代图案融合的设计。同时，随着1982年设计行业正式引进计算机，开始从手绘图案转变为计算机绘制图案，迎来了图案设计的重要转折期。

　　20世纪90年代，随着复古（Retro）风的掀起，欧普再度重返时尚舞台，以欧普为元素的设计也与日俱增。这一时期的服装，既可以应用各种程序软件自由绘制图案，也可以通过数码纺织印花（Digital Textile Printing）实现复杂图案的编织，大大提高了图案设计的多样性与丰富性，欧普图案也不再局限于格纹，出现了将条纹、格纹等通过线与面的移动，产生奇妙视觉效果的复杂变化。此外，随着高新技术的发展与对未来的关注，出现了欧普与科学技术相结合的服装，此类尝试在80年代运用光束或霓虹光束等效果的欧普服装中早有体现。90年代初到中期，出现的赛博时尚（Cyber fashion）中也常出现欧普图案，赛博时尚从朋克、科幻小说、虚拟现实电影、成人漫画的人物中得到灵感，常与微纤维（Micro fibres）、氯丁橡胶（Neoprene）、摇粒绒（Polar fleece）等新型材料结合，创造未来感与科技感。

作品介绍

欧普风格的服装利用光学、视觉原理在面料上创造迷惑的流动视觉，给观者带来感官上的错视，产生有虚幻与现实美感的作品。下面这组设计运用欧普艺术在服装中最常运用的图案，采用欧普经典黑白对比色，通过单一图案或多种几何图案的排列组合，创作了10幅服装设计作品。

"线""圆形""正方形""三角形""长方形"作品中将单一几何图形进行方向、位置、大小、起伏以及排列方式变化，得到有视觉错乱效果的面料图案。也有将点、线、面按照一定规律进行排列、交错、重叠等，创造有律动感与变化感的图案设计。

1. 线

2. 圆形

3. 正方形

4. 三角形

5. 长方形

6. 综合 1

7. 综合 2

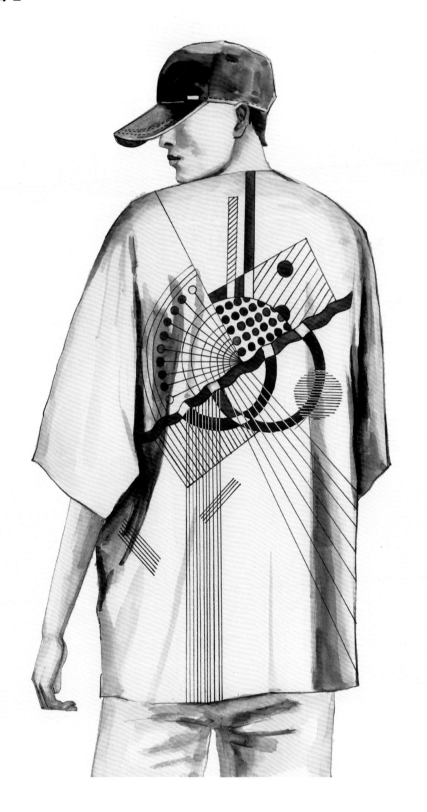

8. 综合 3

9. 综合 4

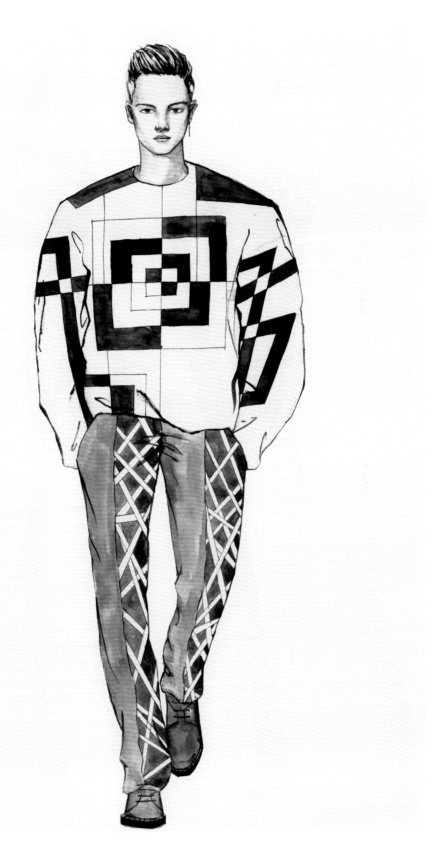

10. 综合 5

第三章　中国传统文化

中国风

中国风中的"国风"最早出现在《诗经》中，指十五个诸侯国的民歌民谣，"风"在《新华词典》里的解释有"社会上长期形成的礼节或习俗"。《辞海》里对"中国风"的解释是以中国元素为表现形式，建立在中国文化与东方文化基础上，适应全球经济发展趋势的有着自身独特魅力与性格的艺术形式。英文中普遍将"中国风"称为"Chinese style"。此外，还有17世纪末到19世纪初以欧洲为中心衍生出的中国风（Chinoiserie）。在大部分国内学术用语中，将这个以中国文化为中心，在西方特定时期产生的艺术思潮也称为"中国风"，但在具体研究内容上会被区分开来使用。进入20世纪中国文化热潮在全球呈现复苏态势，英文中还将这种当代新兴起的中国风称为"China Chic"。

国人对原创中国风的探索一直没有间断。特别是近年来，随着中国经济飞速发展，全球文化趋向多元化，国人接触外来文化的渠道变得越来越广。生活条件相对富裕的"90后"一代，去西方学习设计的人数与日俱增，回国后，对传统文化有独到见解的他们，开始创立自己的设计师品牌。与此同时，国内各大院校也纷纷设立设计专业，大力培养具有时尚设计与管理能力的高素质复合型人才。此外，国家也开始重视传统文化的推广，2016~2017年连续出台了一系列传统文化保护政策，激发了国人的文化自信与原创意识的觉醒。在这样的大环境下，本土中国风持续得到发展，涌现出了夏姿陈、梁子天意、Deepmoss、名马等众多优秀品牌，他们在深入了解中国文化的基础上，将中国文化与前沿设计理念相融合，创造了体现中国文化精髓的潮流服饰。

进入21世纪，国内还诞生了有中国热潮之意的"国潮"与"潮范儿中国风"等新兴名词。提出"潮范儿中国风"概念的是秘扇品牌设计师韩雯和彭光夫妇，密扇将传统戏曲中的旦角服饰与男装面料、西装裁剪混用，或将唐传奇中的侠女故事，用20世纪80年代的"港漫风"画出，又被绘制于特殊复合材料制作的面料上。密扇用艳丽撞色、重工刺绣以及现代裁剪，传递出特立独行、张扬犀利的当代个性。与此同时，天猫、京东电子商务平台的成长，也带领中国老字号时尚品牌迎来了新的变化。2018年，美国时装设计师协会联合天猫在国际时装周推出"天猫中国日（China Day）"项目，天猫带领李宁、太平鸟、CLOT、陈鹏亮相纽约时装周，开启了国潮崛起的第一枪。运动品牌李宁以"悟道"为主题，以红、黄色作为主色，在衣服上印上"中国李宁"四个字，从设计、面料、裁剪到工

图3-1 李宁，2018年秋冬

艺，很好地将中国元素与世界潮流相结合（图3-1），该秀场被媒体曝光近15万次。同年，还开展了"天猫国潮行动"，大白兔、老干妈等100多个老字号品牌与服饰品牌实现跨界合作，将中国热潮推向制高点，这一时期开始，国潮这一概念正式适用在了品牌上，人们还将2018年称为国潮元年。

中国风并不只限于本土，这个有着5000年悠久历史的文明古国，其古老神秘的东方文化，不断地被西方借鉴与应用，时至今日，中国风俨然成了一种全球化的流行趋势。

自古以来，西方对遥远的神州大地充满了憧憬与幻想，早在公元1~2世纪已通过丝绸之路开展贸易。13世纪，意大利探险家马可·波罗还把自己在1271~1295年在东方游历的体会记载在了《马可·波罗行记》里，这本书里不仅有对中国的实际描写，也有以事实为基础添加幻想的成分，但依然成为欧洲人更全面了解中国的契机。17世纪初，英国、法国、荷兰等地设立东印度公司，亚洲的货物进口比以往变得更加频繁，但是中国的瓷器、丝绸等高价商品依然只是富有阶层才能消费的奢侈品，对此，欧洲手工艺匠们纷纷模仿，来满足不富裕的贵族阶层或收藏家的欲望。

对中国文化的狂热在17世纪末的欧洲达到了顶峰，衍生出了中国风（Chinoiserie）思潮。这里需要强调的是，它的衍生之初虽然是对中国文化的兴趣，但进入18世纪，其范围拓展到土耳其、印度、日本等东方地区。

中国物品的热烈爱好者路易十四（1638—1715）在位时期，正值巴洛克中国风（Baroque Chinoiserie）时期，宫殿里不论是床罩、窗帘都用刺绣的绸缎装饰。还可以看见穿着透出中国绸缎的裙子，或穿着中国传统服装或扇子参加宴会的王公贵族们。路易十四为了取悦自己的爱妾孟德斯潘夫人（Madame de Montespan），还建造了特列安农瓷屋（Trianon de Porcelaine）。该建筑用青花彩釉瓷制作栏杆，墙壁和地面混合铺设了蓝白瓷砖，建筑外墙各处装饰有各式各样的青花瓷。1715年，随着路易十四的逝世，巴洛克中国风走向没落，路易十五继承皇位，取而代之的是洛可可中国风（Rococo Chinoiserie）。追求高贵与典雅的路易十五时期，中国的奇珍异物依旧是魅惑的存在。特别是，路易十五对中国的热爱丝毫不亚于路易十四，他对中国风格的艺术作品尤为感兴趣，波旁公爵（Due de Bourbon）为博得路易十五的欢心，在尚蒂伊（Chantilly）举行了中国式宴会。皇室里也会经常举行中国式舞会，每当有舞会、皇室婚礼、生日时，巴黎各处都会装饰象征中国的红色灯笼。洛可可中国风在建筑、园林、绘画、版画、陶瓷、家具等领域迅速得到传播，涉及奥地利、波兰、德国、俄罗斯、斯坎诺维亚、英国等众多国家，比路易十四时期范围更为广泛。18世纪末，随着新古典主义的发展，洛可可中国风开始趋于劣势，19世纪初，中国风物品的生产进一步减少，只有在社会地位较低的少数阶层间仍然成为憧憬的对象。

中西方随着丝绸之路开展贸易往来，来自中国的丝绸、刺绣等也源源不断地涌入西方，西方服饰中也开始出现中国风格的织物或图案，极大丰富了西方的服饰文化。

迄今为止，在美国大都会博物馆收藏的使用中国织物的制作的西方服饰中历史最为悠久的是一件16世纪中叶明代嘉靖皇帝（1521—1567）在位时期的男童披风。起初，大都会博物馆收到这件披风的时候，以为是年轻的路易十四（1638—1715）的所有物，但据推测，可追溯到100年前，是法国国王亨利三世（1564—1589）的男仆穿的服装。这件用金线编织的披风，体现了典型中国织物的橙色天鹅绒质感，这种天鹅绒质感的面料是只有出身高贵或作为王室继承人出身者才能穿的珍贵面料。

到了18世纪中期，西方开始迅速吸收中国元素，开启了中国与西方服装市场更为复杂的交流模式。以手工制作的丝绸为例，部分设计和图案是中国人为了迎合欧洲人的喜好而开发的。或者因为对中国的错误理解而误认为是中国风的情况也时有发生。例如，1750年到1775年间制作的法式礼服（Robe a la Francaise），是中国故意模仿法式纹样的产物，这件礼服从中国出口到法国，后又由法国出口，当时制作丝绸织物需要相当高的费用，所以又被西方仿造生产。该礼服使用了精细手工真丝塔夫绸（Silk Taffeta）面料，上面还绣有条纹与枝条，背部有华托褶（Watteau pleats），这件礼服虽然没有极致表现出18世纪法国宫殿贵族服饰的轮廓，但可以肯定的是，有蓬松的内裙与紧身胸衣（Corset）。1760年制作的法国贡缎礼服上也绘有异国主题，椰子树与东方宝塔风景，是为响应当时中国风格的装饰美术作品而制作的，但这一主题是将中东与远东风格相结合的产物。1780年制作的波兰礼服（Robe a la polonaise）是合身的裙子背面有三个褶子，大身绣有中国织物花形的长袍。这件长袍一度被认为是中国制造，因为与中国织物没什么两样，但经过最近几年的技术分析，才被重新认定为是欧洲人模仿中国图案制作而成。

19世纪初，虽然新古典主义与对古罗马文物的拥护压制了18世纪盛行的Chinoiserie异国趣味，但中国风格一直出现在小装饰细节或饰品中，不仅适用于进口织物或图案，还体现在了服装的设计上。进入20世纪，以保罗·波烈（Paul Poiret）为首的西方服装设计师，也开始大胆地将东方元素，特别是将中国元素融入日常服饰中。

图3-2　珍妮·浪凡，1924

1903年，保罗·波烈在女装成衣店（House of Worth）工作时制作的"孔子大衣（Confucius Gown）"，在1905年重新被他修改后以牧师之意的"Reverend"重新推出。但仍被人们翻译成"孔子大衣"进行介绍。这件"Reverend"乍一看是深红色的中国式长袍，但却是日本和中国服装多种特征组合的产物。有日本和服的宽松袖子与有余量的形态，以及从日本阵羽织中变化而成领形，面料上还绣有中国篆书的变形体寿字，窄领则使用了中国传统缂丝面料（Kesi Cloth）。

1924年，珍妮·浪凡（Jeanne Lanvin）运用中国元素制作了名为"Vuilleur de nuit"的Robe de style连衣裙（图3-2）。Robe de style意思为风格，是指上身贴合人体，下身拼接到脚脖的蓬松裙，1919年由珍妮·浪凡首次推出，并在20世纪20年代到30年代流行。这件黑色连衣裙上用珍珠、珠串、刺绣、金属线绣出标志中国古代官员等级的图案，在中国主题中注入法式感，尽显优雅奢华。

图3-3　克里斯蒂安·迪奥，1951

1951年，克里斯蒂安·迪奥（Christian Dior）制作的鸡尾酒礼服"误会（Quiproquo）"上印有中国传统书法作品（图3-3）。该书法是被誉为"草圣"的唐朝张旭的代表作《腹痛贴》。礼服主要为丝绸面料，只有腰带和前胸配色使用了皮革，仔细分析丝绸面料上印刷的汉字，就会发现只选择了诗的后三行，反复按照一定的规律进行排列。欣赏该作品的观众肯定认为文字含有深奥的内容，但如果试着去读它，又会陷入困境中。迪奥将"消化功能"相关内容的书法作品装饰在取名为"误会"的奇特鸡尾酒礼服上，使其变得富有趣味。

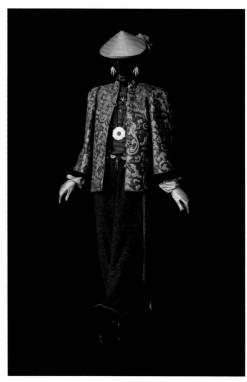

图3-4　伊夫·圣·洛朗作品，1977

伊夫·圣·洛朗（Yves saint Laurent）在1977年以中国传统文化为灵感推出了"Chinoises"系列（图3-4）。该系列以中国的陶瓷、家具、纺织品、刺绣、帝国、京剧服装元素，再现中国王朝时期的华丽服饰，此系列并非完全符合传统，可以说描绘的是伊夫·圣·洛朗脑海中对中国的想象。确实，担任2018年伊夫·圣·洛朗回顾展"Yves saint Laurent：Dreams of the orient（伊夫·圣·洛朗：东方之梦）"的策展人奥蕾莉·穆勒（Aurelie Samuel）也表示，"伊夫·圣·洛朗从未去过中国，但对中国的艺术非常感兴趣，收集的大量书籍也与中国艺术有关。"1995年，伊夫·圣·洛朗在《ELLE》中也写道："对我来说，北京永远是辉煌的记忆。我经常在我的设计中解释的中国就像我所想象的那样……。"

20世纪末至今，越来越多的国际一线品牌在设计中融入中国元素，各大时装周上也经常可见中国风服饰的身影，中国风服饰成为各国设计师表达自己追求异国情调的方式。2015年，美国大都会博物馆还企划了"中国：镜花水月（China：Through the looking glass）"时尚展览，展出了140多件高级定制与前卫成衣，观展人数突破81万，成为大都会博物馆史上观展人数排名前五的人气展览，也是西方对中国不断的关注与热情投射在服装中的又一见证。纵观中西方的中国风服饰探索史，与本土的中国风相比，西方设计师所表现的中国风显然更为随意且充满了想象的意味，是在"它者"的立场审视东方文化的产物，在对东方文化了解不够透彻的前提下，将部分其他东方国家的文化意识为中国文化，有意或是无意混用，或又由于设计者所属文化圈独特思想的影响，创造出了独特的异域风格。无论西方设计师表现的是真实还是虚幻的中国，都在让·保罗·高缇耶（Jean Paul Gaultier）、约翰·加利亚诺（John Galiano）、乔治·阿玛尼（Giorgio Armani）等善于从异国文化中寻求灵感的服装设计师作品中得到了充分的展现。

作品介绍

　　中国传统文化博大精深，源远流长，无数国内外设计师的作品中都出现过中国元素，是不折不扣的时尚界灵感缪斯。下面这组设计以弘扬中华优秀传统文化，探索原创中国风为目的，从中国传统建筑、服饰、绘画、书法、图案、工艺中吸取设计灵感，绘制了20幅精致美观的中国风服饰效果图。

　　传统纹样与现代款式结合："春夜喜雨"将杜甫的诗歌印在礼服裙上；古代"铜钱"的形状用简略的线条勾勒后在面料上做反复排列；"水墨画"的梅花、竹子、凉亭、山川图案刻画在服饰上；中国传统"剪纸"工艺的视觉透空的感觉，用服装后背面料镂空效果体现；用"扎染"工艺制作裙子的多彩环形图案；"青花瓷"的蓝白配色，用白色面料上绣蓝色牡丹纹体现；"中国结"丝线编结而成的形态，用腰部面料编结的方式演绎；穿着"京剧服饰"的人物形象、或"京剧脸谱"印在服饰上；中式"格子窗"的万字纹与"寿纹"图案，印在后背镂空礼服上。此外，还有将"仙鹤纹""鲤鱼纹""回纹""龙图腾"等中国传统纹样印在T恤、针织开衫、衬衫、卫衣上的服饰图案设计。

　　传统服饰与现代服饰款式结构结合：将"古建筑屋檐"呈弧形向上翘起的形态，应用在绣有云纹图案的上衣袖口与下摆部位；"旗袍"的中式领、开襟的局部结构特征与现代无袖连衣裙款式结合，并绣上莲花与牡丹纹；也有将中国传统"肚兜""云肩""襦裙"以现代方式演绎，并与现代礼服或连衣裙搭配的设计。

1. 春夜喜雨

2. 铜钱

3. 水墨画

4. 剪纸

5. 扎染

6. 青花瓷、牡丹纹

7. 旗袍、中国结

8. 京剧服饰、云纹

9. 京剧脸谱

10. 格子窗、寿纹

11. 仙鹤纹

12. 鲤鱼纹

13. 回纹

14. 龙图腾

15. 古建筑屋檐、云纹

16. 旗袍、莲花纹

17. 旗袍、牡丹纹

18. 肚兜、云纹

19. 云肩、牡丹纹

20. 襦裙

第四章　自然

作品介绍

　　大自然也是服装设计师获取灵感的主要媒介之一，对于设计师而言，山川河流优美的曲线、植物精细的脉络、树皮粗糙的肌理、鸟类绚丽的羽毛都能成为设计灵感，通过探索自然与美学融合的最佳艺术状态，创造出美轮美奂、叹为观止的艺术作品。下面这组设计以"亲近自然"为主题，用15种自然景物、植物、生物、动物的外轮廓、肌理、色彩，创作了一系列各具特色的女装设计效果图。

　　面料与色彩方面，有运用形态万千的"雪花"、璀璨的"星河"、弯曲褶皱的"贝壳肌理"、七彩斑斓的"梯田"、错综复杂的"蛛丝"、蜿蜒缠绕的"树叶图腾"、多彩绚丽的"蝴蝶纹理"制作而成的创意服装设计。

　　造型与色彩方面，有运用纱面料演绎飘逸曼妙的"云雾"，服装的领口、袖口、裙摆处均有穿透效果；用"水母"的伞体与触角形态制作裙子与袖口流线造型；用"红玫瑰""莲花"以及"金色向日葵"花瓣的形态制作领口、袖子、裙摆造型；模仿"黑天鹅"与"鹦鹉"羽毛的绚丽色彩与叠压的造型制作落地长裙；在服装的肩膀、领子处添加大片的褶皱，再现"兔子"可爱灵动特征，并配上毛绒兔玩具增添戏剧感。

1. 雪花

2. 星河

3. 贝壳肌理

4. 梯田

5. 蛛丝

6. 树叶图腾

7. 蝴蝶纹理

8. 云雾

9. 水母

10. 红玫瑰

11. 莲花

12. 金色向日葵

13. 黑天鹅

14. 鹦鹉

15. 兔子

第五章　建筑与家具

作品介绍

法国服装设计师皮埃尔·巴尔曼（Pierre Balmain）曾说过，"时装是行动的建筑"。建筑艺术一直以来被服装艺术所青睐，它化身为许多服装设计师的灵感缪斯，以不同的形式读解着时尚。本章承袭建筑与时尚跨界相通的精神，绘制了10套运用建筑与家具的造型、肌理、色彩特征的服装创新设计效果图。

借鉴建筑的造型特征：将法国"埃菲尔铁塔"的独特钢结构形态，平移到人体的腰部以下，做成透视网状裙。将挪威"海达尔木板教堂"三层楼构成的渐次向后递进的墙面，演绎成裙子夸张的几何造型，教堂陡峭的坡檐变成裙块面折叠装饰的设计。模仿建筑物的纹样特征，将英国"利伯提百货"黑白相间的都铎式建筑风格借鉴到男装不对称纹样设计中，彰显男性的帅气与硬朗。综合借鉴建筑物造型、肌理、色彩特征，将西班牙"巴特洛之家"建筑墙壁上五颜六色的碎瓦片，演绎成衣服上绚丽的肌理；阳台栏杆的假面面具形状，转变为模特脸上的面具，建筑物下两层的酷似熔岩和岩洞的墙面外形，转化成腰部以下层叠镂空结构。法国"巴黎圣母院"墙面的浮雕纹理，与西立面下三个深凹的大门上连续环绕的拱券，概括为服装胸前与下裙的纹理。屋顶高耸的尖塔，转化为两肩锥形袖的设计。

借鉴家具的造型特征：将"鸟笼"与"烛台"椭圆形网状结构转化为蓬松连衣裙造型。粗暴地将不同样式的椅子捆绑在模特身上，给人以被约束与压迫视觉感受的"被椅子束缚的身体"。

综合借鉴家具的造型与纹样："折纸灯具"将多边形几何折叠形状变成包裹上身的夸张造型上衣，将灯具表面的蝴蝶纹、花纹等琐碎纹理，转化成裙摆镂空装饰的设计。

模仿家具的纹样："欧式镂空门窗"将S形装饰与彩色玻璃花纹运用到裙身纹样的设计。

1. 埃菲尔铁塔

2. 海达尔木板教堂

3. 利伯提百货

4. 巴特洛之家

5. 巴黎圣母院

6. 鸟笼

7. 烛台

8. 被椅子束缚的身体

9. 折纸灯具

10. 欧式镂空门窗

第六章　生活、文化及娱乐用品

作品介绍

服装设计是一门涉及领域极广的学科，它可以从大千世界中获取灵感与元素，自然也不乏以日常生活、文化与娱乐用品为素材的设计，考验着设计师对生活独到的观察能力与表现能力。下面这组设计以日常生活、文化及娱乐用品为灵感，展现了9幅另类个性的服装画效果图。

有被五颜六色的"被被子捆绑的身体"；有身上套满垃圾袋的"无家可归的人"；有拼接同种款式不同样式的"高温隔热手套上衣""围裙礼服"以及"领带裙"；有粗暴地将软尺折叠堆积在领口和裙子上的作品"精准测量"；也有将"毛绒玩具"缠裹做成上衣，在下裙大大小小的拼贴袋上装满毛绒玩具的设计。

此外，也有将"扑克"图案与"国际象棋"棋盘和棋子图案绘制于男装上的图案设计。

1. 被被子捆绑的身体

2. 无家可归的人

3. 高温隔热手套上衣

4. 围裙礼服

5. 领带裙

6. 精准测量

7. 毛绒玩具

8. 扑克

9. 国际象棋

参考文献

[1] 包铭新. 欧洲纺织品和服装的中国风 [J]. 中国纺织大学学报, 1987(1): 91-97.

[2] 陈禹希. 消费时代的大众流行文化——波普艺术的审美阐释 [J]. 大众文艺, 2022(3): 71-72.

[3] 樊燕妮. 欧普艺术风格对现代服装设计的影响 [J]. 现代装饰 (理论), 2016(1): 119.

[4] 于国瑞. 服装设计思维训练 [M]. 北京: 清华大学出版社, 2018.

[5] 金晨怡. 欧普艺术在现代服装设计中的应用 [J]. 丝绸, 2010(2): 38-42.

[6] 罗伯特·利奇, 时装设计: 灵感·调研·应用 [M]. 张春娥, 译. 北京: 中国纺织出版社, 2017.

[7] 刘若琳. 服装经典设计作品赏析 [M]. 北京: 化学工业出版社, 2020.

[8] 刘乙, 于勤. 波普艺术在现代女装设计中的应用研究——以 Moschino 品牌为例 [J]. 沙洲职业工学院学报, 2021, 24(4): 8-11.

[9] 刘媛. 欧普艺术文化对现代面料及服装设计的影响 [J]. 明日风尚, 2017(12): 24.

[10] 梁文婷. 服装的无结构设计 [J]. 轻纺工业与技术, 2010, 39(5): 48-49.

[11] 梁明玉. 服装设计: 从创意到成衣 [M]. 北京: 中国纺织出版社, 2018.

[12] 曲艺彬, 李正. 观念性艺术创作在服装设计中的运用, 以 Hussein Chalayan 品牌服装设计为例 [J]. 纺织报告, 2020, 39(12): 43-44.

[13] 吴永红, 浦海燕. 格陵兰长衣的构成意识和方法探究 [J]. 江西科技师范学院学报, 2005(6): 95-97.

[14] 徐时程. 立体构成 [M]. 2版. 北京: 清华大学出版社, 2018.

[15] 张乃化. 解构主义服装风格探析——解构主义在服装设计中的运用 [J]. 美术界, 2012(3): 104.

[16] 张华, 陈欣, 薛子琪. 波普艺术在现代服装设计中的应用 [J]. 毛纺科技, 2020, 48(12): 56-61.

[17] 赵凤阁, 周怡. 解构主义服装设计的风格特征探究 [J]. 西部皮革, 2019, 41(8): 15.

[18] Bolton A.China through the looking glass[M]. New York: Metropolitan museum of art,2015.

[19] Honour H.Chinoiserie [M]. London: Phaidon Press Ltd,1961.

[20] Jeon S H. A study on fashion design applying of the optical art [D]. Kei-yung university,2004.

[21] Jiang L Y A Comparative study of Chinese style of Qing Dynasty costume on Western Chinese movies [D]. Kookmin university,2020.

[22] Jiang L Y,Park J H.A study on characteristic of Chinese style reflected in the Vivienne tam collection [J]. Fashion and Textile Research Journal，2019, 21(5): 527-539.

[23] Lim J A,Kim M J. Non-structural characteristics of Asian Looks in Modern Fashion. Journal of the Korean Society of Costume[J].Journal of the Korean Society of Costume，2010,60(6):1-10.

[24] Shin J Y,Kim M J.Chinoiserie in the Eighteenth Century Rococo fashion [J]. Journal of the Korean Society of Costume，2006,56(1): 13-31.

[25] Xie S S.A study on new china style in contemporary fashion [D]. Konkuk university,2020.

后记

从本人进入大学校园选择学习服装设计专业至今，已过十三年，与在这一行奔波数十年的老前辈们相比，这个数字不值一提，但热爱服装的心是一致的。这些年，本人怀着满腔热忱，在繁忙的学习之余不断投身于各种社会实践。现如今，换个身份，成为一名教师，再拾起曾经的课本，很多知识点似乎变得更加通透与明朗。随着阅历的增长，就越发能够领悟到服装设计蕴含的深刻内涵。至此，笔者总结所见所闻，组织结构框架，绘制出了这本服装创新设计手绘效果图，希望本书的出版能够为广大读者，启发创意灵感、扩展创意思路提供有益的参考与帮助。本人能力有限，在内容上难免存在疏漏与不足，也欢迎广大师生多多批评与指正。

最后，感谢为本书的出版提供帮助的所有人。感谢中国纺织出版社有限公司，特别是承担本书编辑的魏萌老师与亢莹莹老师；同时，也要感谢这几年来在工作上给予无私指导与帮助的宁波大学联合学院的所有领导与老师们；最要感谢家人们一直以来的默默支持与鼓励。

姜兰英

2022年9月1日

于宁波大学西校区逸夫图书馆